CITÉS

INDUSTRIELLES

DITES

CITÉS DE L'UNION

POUR

600 FAMILLES DE TOUTES CONDITIONS

Logement économique, — Eau, Lumière et Chaleur, — Crèche, Asile, Écoles primaires et professionnelles, — Service médical, — Secours mutuels, — Bazar d'échange, Entrepôt, Comptoir communal, — Boucherie, Boulangerie, Épicerie, — Blanchisserie, — Restaurants sociétaires, — Garantie du travail, — Concerts, — Cours publics, Bals.

PARIS

IMPRIMERIE DE SCHNEIDER

NOVEMBRE 1849.

MÉMOIRE

SUR LA FONDATION

DE

CITÉS INDUSTRIELLES

DITES

CITÉS DE L'UNION.

Par H. DAMETH.

———

Exposé des principes. — Combinaison financière. — Dépenses et recettes. — Plan d'une Cité. — Analyse raisonnée de ce plan. — Projet d'Acte de Société.

PARIS

IMPRIMERIE DE SCHNEIDER.

NOVEMBRE 1849.

PRÉAMBULE.

L'impression de ce mémoire n'a pas eu un but de grande publicité; encore moins est-ce une œuvre de spéculation. Il s'agit uniquement d'attirer l'attention de quelques esprits graves et judicieux, d'un petit nombre de lecteurs d'élite sur l'idée de l'auteur. Si cette idée paraît viable, un premier groupe d'initiateurs se formera autour de son berceau.

Ce n'est qu'environnée de ces puissants concours et fortifiée par eux que l'idée prendra son essor et franchira l'espace immense qui sépare la théorie de la pratique.

CITÉS DE L'UNION.

EXPOSÉ DES PRINCIPES.

Il faut améliorer le sort des classes pauvres ;

Il faut moraliser les hommes par le bien-être et par l'éducation ;

Il faut mettre à la portée de toutes les conditions les progrès de l'industrie, des sciences et des arts.

Tout le monde, hommes pratiques et utopistes, spéculateurs et philanthropes, s'accordent là-dessus.

Mais il faut produire ces améliorations,

Sans désorganisation sociale ;

Sans toucher aux droits acquis ;

Sans compromettre aucun intérêt ;

Sans esprit de système.

Cela est-il possible ? Tous les gens éclairés s'accorderont encore pour répondre : Oui, cela est possible. Reste la question des moyens sur laquelle se présentent presque autant d'opinions que d'hommes.

Il est cependant un de ces moyens qui réunit toutes les conditions déterminées plus haut, et qui semble par cela même devoir rallier rapidement toutes les intelligences et tous les bons vouloirs, c'est celui des *Cités ouvrières*. Cette idée, à peine mise en circulation, a trouvé une adhésion et une popularité immenses.

Presque personne ne la combat, et chacun, riche ou pauvre, s'empresse de lui apporter son concours.

C'est qu'en effet la création des *Cités* est une idée féconde et forte, mais qu'il importe de développer sainement.

Conçue dans un esprit libéral et pratique à la fois, la *Cité* peut devenir l'instrument pacifique de toutes les améliorations matérielles et morales raisonnables, le terrain de conciliation des partis et des opinions les plus opposés.

La *Cité* atteindra ce grand but si on ne la crée pas seulement pour contenir avec économie et salubrité quelques centaines de ménages pauvres. Ce serait un progrès, à coup sûr, mais la *Cité* peut faire beaucoup mieux.

D'ailleurs ces résultats ont été déjà obtenus dans plusieurs des grands foyers industriels de l'Angleterre, et l'on ne voit pas que la question du paupérisme en soit plus près d'être résolue dans ce pays.

Pourquoi, surtout, procéder par exclusion, et ne pas convier toutes les classes à jouir des bienfaits de la *Cité*?

Nous voyons à cette exclusion de graves inconvénients :

Le premier, c'est de faire à quelques-uns seulement le bien qu'on pourrait faire à tous. S'imagine-t-on que la multitude des petites et des moyennes fortunes, n'aspire pas autant que les ouvriers à des logements plus sains et plus chauds, à une existence générale à la fois plus confortable et moins coûteuse? Qui ne connaît la gêne profonde de presque tous les ménages d'employés, de commerçants et d'artistes; gêne qui s'aggrave de la nécessité d'un certain décorum dont les simples prolétaires sont du moins affranchis?

Il y a plus : pour atteindre même ce but partiel et incomplet que vous poursuivez, il vous faut le concours de toutes les classes de travailleurs.

Sera-ce avec le revenu de deux ou trois cents loyers infimes et uniformes, que vous réunirez les ressources matérielles et morales nécessaires pour la transformation de la vie de ménage des ouvriers ? qu'au dénuement hideux, à la malpropreté, au froid, à tous les germes de maladie dont il souffre, vous ferez succéder le bien-être, la chaleur, la propreté, l'hygiène ?.......... que vous pourvoirez convenablement aux institutions de l'enfance, crèches, salles d'asile, écoles primaires et professionnelles ? que vous organiserez le secours mutuel contre les maladies et les chômages ? enfin, que vous ferez oublier à l'ouvrier l'agitation de la rue en lui rendant son chez-lui agréable et bon ?

Non : pour obtenir ces résultats, il faut des ressources considérables ; et ces ressources vous ne les obtiendrez qu'en faisant la Cité grande, riche et complète, c'est-à-dire le résumé de toute la société humaine.

Mais n'ouvrir la *Cité* qu'aux prolétaires offre un danger moral plus grave que tous les autres.

Aujourd'hui une division funeste et impie sépare la bourgeoisie du peuple. Eh bien, au lieu de tendre à rapprocher ces deux organes vitaux de la société, la *Cité* tendrait-elle à rendre leur division plus profonde ? Oh ! dans ce cas, il faudrait la maudire !

Que la *Cité* devienne au contraire l'arche d'alliance, le temple de la fraternité pratique ; que les prolétaires y développent, par le contact de la bourgeoisie, des mœurs plus douces et plus réglées ; qu'ils y trouvent protection pour leurs souffrances physiques et initiation à la vie de l'intelligence et des arts ; que la bourgeoisie, fille du peuple, y retrempe ses vertus démocratiques et son patriotisme ; qu'elle y apprenne à apprécier et à aimer, autant qu'il le mérite, le travailleur.

La *Cité* doit donc s'ouvrir pour toutes les classes et non pour une seule : à ce prix seulement elle présentera un caractère d'utilité et de moralité sociales.

En effet, munie de toutes les ressources de la science, fortifiée de tous les désirs de la philanthropie, elle peut réaliser à la fois, et pour toutes les conditions :

1°Le logement salubre, confortable et économique ;

2° Un certain degré *facultatif* d'association, analogue, sinon supérieur à celui dont plusieurs établissements, tant en France qu'en Angleterre (1) ont déjà fait l'heureuse expérience ;

3° Un centre de consommation et de production fonctionnant par voie d'*échanges* ; c'est-à-dire facilitant l'échange des produits entre eux pour la consommation, des services et travaux pour la production, sans l'intermédiaire *obligé* de l'argent ;

4° Un comptoir communal organisant loyalement, et sans combinaison hasardeuse, le *crédit pour tous* ;

5° Un institut complet d'éducation populaire embrassant : la Crèche, la Salle d'asile, l'École primaire de chaque sexe, les Écoles professionnelles, les Cours élémentaires de dessin et de musique, de sciences naturelles et mathématiques.

En un mot, un foyer supérieur de sociabilité et d'éducation, de confort et de luxe collectif, de culture des arts et de perfectionnement moral de tous les hommes par l'amélioration même des conditions de leur vie physique.

Ces conséquences découlent si naturellement et si logiquement

____

(1) La Maison des douaniers, au Havre ; l'Hôtel d'Albany, à Londres ; plusieurs manufactures de France et de l'Angleterre, etc.

de la conception des *Cités ouvrières*, qu'il suffit de les énoncer, et qu'elles ne rencontreront de sceptiques et de contradicteurs nulle part. C'est dire que cette conception est supérieure aux dissidences des partis, et qu'elle porte le cachet de ces idées saines et mûres, de ces fruits savoureux que l'humanité cueille trop rarement sur l'arbre du progrès.

Une seule chose doit donc nous occuper ici, à savoir : la recherche des voies et moyens propres à atteindre notre but.

Ces moyens constituent d'ailleurs, non moins que le but que nous avons caractérisé, la valeur propre de notre entreprise, et la distinguent essentiellement de toute autre.

COMBINAISON FINANCIÈRE.

Aujourd'hui, aucune opération industrielle de quelque importance ne s'accomplit autrement que par les sociétés actionnaires. *Et comme il n'y a guère chez nous que des petites bourses*, les *actions* sont coupées en parcelles accessibles aux plus faibles épargnes.

Nous voulons faire encore mieux.

L'argent, en si modique lot qu'on l'achette, coûte toujours fort cher. Et, après tout, que fait-on de cet argent? Ne sert-il pas à acquérir tous les éléments utiles à l'entreprise : matériaux, direction et travail?

Eh bien, pourquoi ne pas aller au plus court et ne pas faire appel à ces éléments eux-mêmes?

Voilà précisément ce que nous proposons.

Notre souscription est ouverte, non-seulement au capital représentatif, *l'argent*, comme dans toutes les autres sociétés actionnaires, mais encore à tous les capitaux *réels* qui peuvent concourir directement ou indirectement à notre but :

Matériaux de construction,

Instruments de travail,

Objets de consommation,

Travaux et services.

Une telle souscription, on le voit, frappe indistinctement à toutes les portes, et présente par là même une facilité de réalisation évidente. Pour *un* actionnaire souscrivant en écus, vous en trouverez *vingt*, prêts à fournir des matériaux et des produits, *cent*, accourant offrir leurs services.

Mais de quelle manière se réalisera la souscription en nature ? La société s'encombrera-t-elle par avance de produits dont l'emploi serait lointain ?

Non : la société se borne à faire contracter au souscripteur, lorsqu'il se présente, une obligation de *faire* ou de *livrer* au moment où les travaux de l'entreprise le réclameront, et conformément aux clauses de l'acte de société.

Autre question. — D'après quelle base seront évaluées les valeurs souscrites ?

Réponse. — Le produit, avant d'être livré à la société, subit une expertise de la part d'une commission de commandite instituée par l'assemblée des actionnaires, et qui, par ce fait même, représente les intérêts généraux de la société. Cette expertise a tout naturellement pour guide la qualité du produit et les prix du cours. En cas de dissentiment grave, un tribunal d'arbitrage intervient. En somme, ce n'est que sur le récépissé de cette commission de commandite *responsable* que le gérant délivre au souscripteur le titre d'*action*.

Les deux difficultés que nous venons de lever sont celles qui se présentent tout d'abord à l'esprit. On voit qu'elles n'ont rien de sérieux : continuons.

Des capitaux de toute nature offerts par la souscription, les uns seront employés directement, les autres seront *échangés*.

Tous les matériaux et les produits qui trouveront leur place dans les devis de la *Cité*, et le nombre en est grand, seront appliqués à sa construction. Le reste sera échangé pour combler les lacunes de la souscription, ou vendu pour payer une partie de la main d'œuvre.

A ce dernier but s'appliquera aussi le montant des souscriptions en argent. Mais, on le sent, le rôle du *numéraire* est ici fort amoindri : il aide au mouvement au lieu de le produire ou de l'arrêter; il graisse, pour ainsi dire, l'essieu de la machine, au lieu d'être l'essieu lui-même.

Insistons sur l'agencement des services et sur la transformation des produits par voie d'*échange*.

Une certaine quantité de produits dont les travaux de la cité n'offrent pas l'emploi, figure pourtant dans les cadres de la souscription : du blé, par exemple, du vin, des étoffes, un excédant de matériaux, etc. La société, prenant le rôle d'échangiste, offre ces produits tant à ses propres adhérents et à ses salariés, qu'aux consommateurs étrangers. La vente peut s'effectuer, soit contre écus, soit contre du travail, soit contre *obligation*, souscrite par le preneur, de livrer valeur égale de ses propres produits.

Ainsi, par l'*échange* d'une portion de son fonds social, la société réalise soit de l'argent, soit du travail, soit d'autres produits d'une utilité directe à l'entreprise : voilà l'une des faces de l'opération.

Nous avons implicitement résumé l'autre. La société emploie des ouvriers de tout ordre; des architectes et des peintres, etc., qui ne peuvent échanger intégralement leur travail contre des titres d'actions, et qui réclament une portion de salaire immédiat. Elle doit aussi acheter des produits nécessaires à la construction de la Cité, et qui, je suppose, n'ont pas été offerts par les sous-cripteurs. La société paye ces travaux et ces produits partie en argent, partie en *actions*, et partie en bons de consommations, c'est-à-dire avec ces *obligations* dont nous avons parlé plus haut. L'obligation revient chez celui qui l'a souscrite, qui livre sur sa propre signature, et se dégage. L'opération est terminée.

Tout cela est si clair et si simple, que des explications plus amples ne pourraient qu'obscurcir notre démonstration. Nous laisserons à l'imagination de nos lecteurs le plaisir de calculer toute la fécondité et toutes les conséquences de notre principe.

Abordons un autre point non moins important.

Nous faisons appel aux capitaux pour une entreprise grandiose et éminemment philanthropique ; notre procédé de souscription offre une puissance bien supérieure à celle des procédés ordi-naires ; mais la noblesse du but et la facilité de l'exécution ne suffisent pas ; les intérêts des actionnaires y trouveront-ils satis-faction ? le placement des capitaux dans l'entreprise de la *Cité* est-il bon ? A une telle question il faut répondre par des chiffres.

CAPITAL SOCIAL.

Le Capital social sera porté au chiffre nominal de dix millions. Mais cinq millions seulement seront appelés pour la fondation de la première Cité. Ces cinq millions seront répartis en cinquante mille actions de cent francs, pouvant elles-mêmes être subdivisées en coupons de 20 fr., et payables en écus, produits ou travail.

DÉPENSES. — Terrain (1) et Constructions.

Etablissons maintenant le devis approximatif des dépenses de fon-

(1) Le prix des terrains varie énormément suivant leur situation. Ainsi, de plu-

dation de la première Cité conformément aux données des architectes qui ont été consultés à cet égard.

La surface occupée par la 1ʳᵉ Cité sera de 18,864 mètres 65 c.

Prix de ces terrains, à raison de 15 francs le mètre,	291,820 f.	» c.
Frais d'enregistrement, etc.	24,000	»
Treize maisons à cinq étages (surface, 4,380 m. 50 c.) à raison de 600 fr. le mètre de construction.	2,628,300	»
Edifice du bazar à deux étages (surface, 1,044 m. 55 c.) à 400 fr. le mètre.	417,820	»
Bâtiments de l'institut : crêche, asile, écoles pri-maires, écoles professionnelles (surf., 1,088 m.) à 400 fr. le mètre.	435,200	»
Préaux couverts pour les enfants (surf., 420 m.) à 150 fr. le mètre.	63,000	»
Aménagement, plantation du jardin de la Cité. .	5,000	»
Bassin du jardin de la Cité.	2,000	»
Clôture des jardins particuliers (long., 180 m.) à 50 fr. le mètre.	9,000	»
Blanchisserie (surf., 101 m.) à 150 fr. le mètre.	15,225	»
Établissement de bains (surf., 210 m.) à 150 fr. le mètre.	51,500	»
Boulangerie (surf., 105 m.) à 150 fr. le mètre.	15,750	»
Ateliers de chômage (surf. 955 m. 50 c.) à 150 fr. le mètre.	145,325	»
Cours pavées (surf., 4.233 m.) à 10 fr. le mét.	42,230	»
Gros ateliers (surf., 750 m.) à 150 fr. le mètre.	105,000	»
Vacherie (surf., 160 m.) à 150 fr. le mètre. .	24,000	»
A reporter.	4,253,170	»

sieurs terrains qui s'offrent déjà à nous avec toutes les facilités d'accommodement
désirables, les uns, situés dans des quartiers de luxe, coûteraient cinq ou dix
fois autant que celui auquel nous faisons allusion dans ce devis.

Ce dernier terrain, placé aux extrémités d'un faubourg, présente pourtant, par sa
proximité de deux chemins de fer et par l'activité industrielle qui l'entoure, les conditions les plus favorables pour le succès rapide de la première Cité.

Voilà pourquoi nous l'avons pris pour base de notre évaluation.

Report.	4,253,170	»
Écurie (surf., 160 m.) à 150 fr. le mètre. . . .	24,000	»
Magasins pour produits (surf., 320 m.) à 150 fr. le mètre.	48,000	»
Entrepôt ou grenier d'abondance (surf., 302 m.) à 200 fr. le mètre.	60,400	»
Machine à vapeur pour chauffer l'eau, donner le mouvement à onze gros ateliers.	25,000	»
Etablissements des conduits de chaleur, de gaz et d'eau par toute la Cité.	40,000	»
Frais d'administration et de direction.	150,000	»
TOTAL.	4,600,570	»
Frais imprévus 5 p. 100.	230,028	50
TOTAL GÉNÉRAL DES DÉPENSES.	4,830,598	50

La portion du fonds social à émettre pour la construction d'une première Cité est de 5 millions.

En défalquant de ces	5,000,000	»
la somme totale des dépenses.	4,830,598	50
Reste en disponibilité la somme de. . . .	169,401	50

dont partie constituera un fonds de réserve pour l'exploitation industrielle et commerciale de la Cité, et partie servira avec une nouvelle émission d'actions à l'entreprise de la seconde cité.

L'acte de société prévoit et organise ces répartitions successives du capital social.

RECETTES.

Si générales que soient les évaluations de dépenses ci-dessus, on voit cependant qu'elles sont assez sévères pour que l'exécution diminue nos chiffres plutôt que de les augmenter.

Nous allons suivre dans l'évaluation des bénéfices la méthode inverse, et tout coter au plus bas.

La première de nos Cités contiendra environ 600 familles formant une population moyenne de 2,400 habitants.

Ce n'est qu'en établissant nos calculs sur un nombre aussi élevé d'habitants, qu'il sera possible de réaliser à la fois bien-être et économie, de réunir les éléments d'industrie, d'art et d'éducation, dont les bienfaits se répandront sur toutes les familles pauvres et riches de la Cité, sans amoindrir l'indépendance de chacune.

Prenons pour base du revenu des loyers de la cité un minimum de 550 logements aux prix suivants :

100 logements au prix moyen de 150 fr. chaque.			15,000 fr
—	—	250 —	25,000
—	—	300 —	30,000
—	—	400 —	40,000
—	—	500 —	50,000
50 —	—	600 —	50,000
Ensemble des loyers des logements. . . .			190,000

Loyers des petits jardins..	5,000 fr.
Revenus du bazar..	15,000
— entrepôt..	15,000
Concerts et réunions.	6,000
Loyers de gros ateliers.	3,200
— de boutiques intérieures	6,000
Revenu des bains.	3,000
Blanchisserie.	3,000
Boulangerie.	1,600
Restaurants.	10,000
Total approximatif des revenus fixes de la Cité.	257,800

A ces revenus fixes il faudrait ajouter les revenus éventuels devant résulter de la clientèle extérieure qu'attireront les restaurants, la boulangerie, les bains ; de l'admission d'un certain nombre de nourrissons étrangers à la crèche, et d'enfants dans les écoles.

Il est impossible d'évaluer cette partie des revenus de la Cité, qui pourtant acquerra une importance considérable.

En la portant comme point de départ à la somme nécessaire pour couvrir les frais généraux d'administration de la Cité, d'éclairage et de chauffage, les impositions et les réparations courantes, on voit que le capital exigé par le Devis qui précède, pour la construction et la mise en train complète de la Cité, serait déjà assuré, par les seuls revenus fixes, d'un intérêt élevé.

Que dire du développement promis aux combinaisons industrielles et commerciales de la Cité, et des bénéfices toujours croissants qui en résulteront?

Mais ce serait mal comprendre la portée de l'entreprise et même les conditions de son succès matériel, que d'attribuer indéfiniment aux actionnaires la totalité de ces bénéfices.

En conséquence, la répartition des revenus de chaque Cité est établie dans l'acte de société d'après les principes suivants :

Un intérêt de 4 p. 0/0 sera servi d'abord aux actionnaires de tout ordre, capitalistes ou travailleurs ; puis, l'excédant des bénéfices sera divisé en deux parts, savoir :

Moitié pour être distribuée à titre de dividendes aux dits actionnaires ;

Moitié pour être affectée à des œuvres d'utilité publique en faveur des familles habitant la cité :

Cours gratuits de sciences et d'arts ;

Expositions des produits de tout genre exécutés dans la Cité : tableaux, statues, inventions mécaniques, horticulture, etc. ;

Organisation des fêtes publiques ;

Tutèle des enfants devenus orphelins dans la Cité ;

Secours aux vieillards ;

Infirmerie : remèdes et soins gratuits aux malades.

En résumé, bien que nous n'ayons pas la prétention d'avoir posé dans tout ce qui précède des chiffres d'une rigueur absolue, il ressort toutefois de cette analyse des dépenses et des recettes que nous sommes en mesure de répondre à la question posée page 12 de ce Mémoire : Le placement est-il bon ? — Oui ! le placement des capitaux dans la construction de nos Cités sera excellent et le plus sûr qui puisse se faire aujourd'hui. Et pourtant, si l'on se reporte au point de départ de notre combinaison, combien les avantages de l'entreprise ne paraissent-ils pas encore plus importants !

Ce ne sont pas les écus, qu'on se le rappelle, qui, *nécessairement*, rempliront les cadres de notre souscription ; *nous y verrons figurer* en abondance les matériaux, les produits agricoles et industriels et les offres de travail, c'est-à-dire ce genre de capitaux que tout le monde a maintenant entre les mains, et dont personne ne trouve l'écoulement.

En appelant à nous tous ces éléments pour les vivifier, nous ne faisons autre chose que de désencombrer les magasins ; et, par ce simple procédé, nous donnons l'impulsion à d'innombrables travaux, nous créons des foyers de production d'une incalculable puissance, nous venons à la fois au secours de toutes les classes.

PLAN DE LA CITÉ.

Esquissons maintenant le plan de la première Cité, et accompagnons ce plan d'une légende raisonnée (1).

Ce plan présente diverses sections.

La première se compose de la Cité proprement dite, embrassant le bazar et les maisons d'habitation (A a B). Cette région principale forme plusieurs corps d'édifice, soit tout à fait contigus, soit séparés en îlots par des rues larges et bordées d'arbres, mais encadrant, dans leur ensemble, un vaste jardin, à peu près à la façon du Palais-Royal (C).

Outre ce jardin intérieur d'une superficie considérable, planté d'arbres verts et rafraîchi par des bassins et des jets d'eau,

(1) Lire cette partie du mémoire avec le plan sous les yeux.

2

une ceinture de jardins particuliers émaille toutes les faces exté-
rieures de la Cité ; de telle sorte que chaque maison s'ouvre sur
deux jardins, et que chaque famille habitant la Cité possèdera, si
elle le veut, son coin d'ombrage et ses fleurs à elle (**D**).

Autre point essentiel. Toutes les maisons de la Cité, même
celles qui apparaissent contiguës au dehors, sont parfaitement di-
stinctes à l'intérieur : pas de corridor général.

Chaque maison possède une double sortie ; d'un côté, sur le
jardin intérieur de la Cité ; de l'autre, sur la rue.

L'indépendance des habitations y sera donc plus complète que
partout ailleurs.

De même qu'au Palais-Royal, des boutiques élégantes (1) s'ouvri-
ront tout autour sur le jardin intérieur de la Cité, protégées par
une galerie couverte, moins lourde toutefois que celle du Palais-
Royal ou de la rue de Rivoli, et laissant circuler à travers ses
colonnettes de fer l'air et la lumière (**E**).

A tous les avantages que nous venons de signaler, il faut joindre
ceux de la distribution gratuite, au moyen de tuyaux, d'une chaleur
constante et douce, et d'eau à toutes les habitations de la Cité. Quelle
économie pour les ménages pauvres et quelle salubrité pour tous !

Deux vastes restaurants placés sur la façade de la cité au-dessus du
bazar, fourniront à tous ceux qui voudront s'affranchir des tracas
de la cuisine à domicile, une nourriture en rapport avec leurs
ressources et leurs goûts.

Il est facile de comprendre que ces restaurants, réunissant les
trois conditions suivantes :

1º Approvisionnement en grand,

2º Certitude d'un nombre considérable de consommateurs,

3º Affranchissement des droits d'octroi sur les denrées (2),

---

(1) Ces boutiques ne sont pas de simples magasins, ce sont des Fabriques de
Produits. La fonction purement commerciale est réservée au Bazar.

(2) La première Cité doit être construite hors barrières.

donneront à chacun des aliments infiniment supérieurs pour des prix beaucoup plus doux que dans la ville, et qu'ils seront en même temps, d'un bon rapport pour la Société fondatrice de la Cité.

Les mêmes observations s'appliquent à la boulangerie, à la blanchisserie et aux bains publics.

Des machines à vapeur fourniront le feu et l'eau à ces trois éta blissements et vendront de la *force* aux gros ateliers industriels qui forment tout un quartier de nos constructions ; par un système unitaire de tuyaux, ces machines chaufferont encore l'institut d'éducation et les parties les plus rapprochées de la Cité centrale.

Le reste des maisons recevra la chaleur d'un calorifère placé sous le bazar, et desservant les cuisines.

Bazar. — Salle de réunions. — Concerts. — Bals. — Cafés, etc.

Sur la façade principale de la Cité se développe un vaste édifice dont le fond s'arrondit en hémicycle sur le jardin de la Cité.

Cet édifice est l'organe capital de la vie de la Cité.

Il se divise en deux parties, et il possède deux étages :

A la partie antérieure du rez-de-chaussée, *Bazar.*

Dans l'hémicycle, salle de réunions, de bals, de concerts, etc.

Au premier étage, d'un côté, restaurant, café ; de l'autre côté, taverne, restaurant à moindres prix ; au centre, bibliothèque.

Notre bazar ne doit pas être confondu avec un marché ordinaire.

Il servira non-seulement à centraliser et à accroître les relations industrielles de la Cité avec les populations environnantes, mais encore, aidé par l'entrepôt, il tendra à exercer une action plus haute et plus étendue. Il attirera les produits lointains, et les livrera directement à la consommation sans l'intermédiaire des agents commerciaux de tous degrés ; il régularisera par là même le commerce des denrées alimentaires sans avoir les inconvénients d'un grenier d'abondance, où elles pourrissent.

Il favorisera les échanges directs sans l'intervention *obligée* de l'ar gent. Enfin, il permettra de réaliser, avec sûreté et profit pour tout le monde, les avances sur consignation (1) les prêts en nature et sur moralité (2), et toutes les opérations de crédit à bon marché pour lesquelles l'organisation de la Cité offre seule des garanties suffisantes.

Tous ces services que nous nous bornons à indiquer, faute d'espace suffisant pour les exposer ici suivant leur importance, se réduisent en principe à quatre mots : Organisation démocratique du commerce et du crédit.

Dans l'hémicycle, comme nous l'avons dit, une salle artistement décorée réunira la population de la Cité pour des concerts, des bals, des cours publics de science et d'art, des expositions de tableaux, de statues, de fleurs, d'inventions mécaniques, etc. (B).

La vie artistique prendra ainsi dans les Cités un développement rapide. L'enseignement gratuit et populaire de la musique y formera une armée de chanteurs et d'instrumentistes avec lesquels les solennités musicales de chaque Cité attireront dans son salon, en hiver, et dans son jardin, en été, un public enthousiaste, et grossiront noblement ses revenus.

INSTITUT D'ÉDUCATION POPULAIRE.

Quand bien même nos Cités ne réaliseraient pas d'autre idée que celle de l'éducation populaire gratuite, elles seraient déjà assurées d'un immense succès.

En effet, pour la première fois, on verra réunies et coordonnées dans un même plan, la crêche, la salle d'asile, les écoles primaires, les écoles élémentaires de science et d'art et les écoles professionnelles (I, J, Y, Z).

Ainsi, l'enfant du pauvre comme celui du riche, suivra, depuis le jour de sa naissance, au milieu des meilleures conditions d'hy-

(1) Les Warrants anglais.
(2) La Banque d'Écosse.

giène, une route régulière dans laquelle le développement de ses facultés et de ses forces ne subira pas un seul instant de déviation et de relâchement.

Là, tout sera positif et industriel, et préparera l'enfant à la vie réelle.

Dans la Cité, comme nous venons de le dire, l'éducation ne commencera pas à dix ans, elle commencera le jour de la naissance.

Dès la salle d'asile, l'enfant apprendra à parler plusieurs langues (l'allemand et l'anglais), comme cela se pratique aujourd'hui dans les familles riches, à l'aide de Bonnes étrangères ; à peine arrivé au seuil de l'adolescence, l'enfant de la cité, n'ayant pas perdu un seul jour, possèdera un fonds d'instruction primaire complet, et commencera des études à la fois plus élevées et plus pratiques.

Il n'est pas douteux que la réunion de ces conditions de développement physique, intellectuel et moral, qui feront de l'institut de la première Cité un établissement UNIQUE EN EUROPE, ne sollicite vivement un grand nombre de familles riches à lui confier leurs enfants, d'abord comme nourrissons, et ensuite comme élèves, pour toute la première période de leur éducation, c'est-à-dire depuis leur naissance jusqu'à dix ans.

A cet âge, l'enfant étranger quittera l'institut de la Cité pour les grands colléges ; l'enfant de l'ouvrier commencera son éducation industrielle ; mais ces dix ans de fraternité laisseront dans les âmes de tous des impressions et des liens que le temps ne fera qu'affermir pour la paix et le bonheur publics.

En outre, des bourses seront fondées aux frais de chaque Cité dans les grandes écoles scientifiques du pays : École polytechnique, École centrale, École d'Alfort, etc., en faveur des enfants pauvres de la Cité qui montreront des facultés éminentes.

Nous nous arrachons avec peine à ce sujet qui appellerait d'immenses développements. Nous prions seulement le lecteur de jeter les yeux sur la portion du plan de la Cité consacrée à l'institut. Il remarquera que les bâtiments destinés à cet usage sont presque isolés de toute autre construction et enveloppés de jardins (Z).

Des préaux adaptés à chaque grande partie de l'institut seront couverts par un châssis vitré en hiver, et découverts en été, avec addition d'une tenture mobile pendant les heures chaudes du jour.

Les deux vastes enclos qui font partie des instituts d'éducation des garçons et des filles serviront à initier les enfants à la culture des fleurs, des légumes, des fruits, et même à l'agriculture.

ATELIERS DE CHÔMAGE.

Mais la Cité renfermera encore une institution sur laquelle il faut appeler l'attention de nos lecteurs (X).

A côté des préaux de l'institut sont placés des ateliers dits *ateliers de chômage*, parce qu'ils sont destinés à offrir du travail à tous les ouvriers de la Cité lorsqu'ils en manqueront dans leurs professions respectives (1).

Pour que ces ateliers atteignent leur but, il faut :

1° Qu'ils offrent des occupations variées et très-faciles, où tout le monde puisse se rendre utile, hommes, femmes et vieillards.

2° Il faut que leurs produits soient d'une consommation tellement générale, qu'on ait toujours, dans une certaine proportion, la certitude de leur écoulement.

Ces deux conditions résolues, l'atelier de chômage aura tout simplement pour résultat de donner la *garantie perpétuelle* du travail à tous les ouvriers vivant dans la Cité.

La nature même et le but de cet atelier appellent une réglementation toute spéciale.

En voici les points principaux :

Les ateliers de chômage seront régis par le principe d'associa-

(1) On sent que l'entretien seul des jardins, la légumerie de la Cité et le service commercial de l'Entrepôt et du Bazar offriront déjà un déversoir constant pour les industries privées.

tion, c'est-à-dire que chaque travailleur y sera rétribué en proportion de son travail et des bénéfices généraux de l'industrie.

Cette première combinaison suffirait pour empêcher que l'atelier de chômage n'absorbât tout le temps des ouvriers, et ne nuisît aux industries particulières ; car, dans le cas où il y aurait trop grande affluence à l'atelier de chômage, l'écoulement de ses *produits surabondants* devenant impossible, il y aurait mécompte pour les travailleurs eux-mêmes. Les ouvriers de la Cité seront donc les premiers à faire la police de l'atelier de chômage, et à en écarter ceux qui pourront trouver du travail dans leur propre atelier.

Second point. Le travail de l'atelier de chômage ne produira pas de *salaires*. Un crédit de *consommation* sera ouvert à l'ouvrier pour une portion seulement du travail accompli, et, à l'époque fixée chaque année pour la liquidation des opérations de l'atelier, il en recevra l'excédant à titre de dividende.

RÉSUMÉ.

En résumé, voici ce que nous proposons.

Formation d'une société actionnaire pour construire et organiser des Cités dites Cités de l'Union, d'abord à Paris et successivement dans toute la France.

Le capital social est fixé, comme point de départ, à 10 millions partagés en cent mille actions de 100 fr. chacune ; mais dont la moitié seulement sera émise pour la fondation de la première Cité.

Ce qui distingue essentiellement notre combinaison financière de toute autre, c'est que les actions pourront être souscrites non-seulement en argent, mais encore en matériaux, en produits agricoles et industriels et en travail.

De la sorte, la réalisation du capital social présente une facilité extrême.

De la sorte encore, chacun peut devenir, en fournissant des produits de son industrie ou son travail , aussi bien qu'en souscrivant en écus, propriétaire actionnaire, soit d'une partie notable de la Cité, soit d'un simple logement, soit d'une portion quelconque de son loyer.

La première Cité contiendra environ 2,400 personnes de toutes conditions et de toutes fortunes.

Le prix des loyers descendra jusqu'à 100 fr., il ne montera pas plus haut que 600.

Mais pour cent comme pour six cents francs, jouissance gratuite de tous les avantages généraux de la Cité. Savoir :

Chaleur constante ;

Eau et lumière ;

Service médical ;

Education complète des enfants ;

Admission, en temps de chômage, à l'atelier communal ;

Admission dans les cours publics de sciences et d'arts et à la bibliothèque ;

Jouissance de toutes les économies et du bien-être résultant :

De la Boulangerie,

De la Boucherie,

De l'Epicerie,

Du Débit de vin,

De la Blanchisserie,

Des Restaurants et Cafés,

appartenant à la société fondatrice de la Cité, et régis par elle ;

De la Centralisation du commerce et du crédit par l'entrepôt et par le bazar ;

De l'Echange des produits en nature, qui mutualisera, au profit de chaque producteur de la Cité, la clientèle de la Cité entière.

La vue et la jouissance des jardins, des fêtes publiques, concerts et bals, des expositions d'art et d'industrie, etc., etc.

Observons bien que tous ces avantages, loin d'amoindrir en aucune façon, l'indépendance, l'isolement de chaque foyer domestique; loin de contrarier le caractère et même la fantaisie de chaque habitant de la Cité, ne feront que les environner de plus complètes garanties ; que la vie publique, en un mot, en ouvrant'aux travailleurs une source féconde de bien-être matériel et de jouissances morales, ne fera que rendre leur vie privée plus intime, plus sacrée, plus inaccessible aux exigences du dehors.

Bornons ici cette analyse rapide et superficielle de notre plan, bien certain que le lecteur la complètera dans sa pensée beaucoup plus facilement que nous ne le ferions ici.

En effet, qu'avons-nous réalisé dans ce plan, si ce n'est les idées que tout le monde partage aujourd'hui, les idées qui sont en puissance de l'opinion publique, que la science et la raison démontrent également, que la saine philanthropie, la morale et le bon sens consacrent à l'envi ?

N'est-ce pas sur ce terrain neutre et supérieur que toutes les âmes généreuses, à quelque parti qu'elles se rattachent, que tous les hommes de religion et de cœur doivent se rencontrer pour arracher notre pauvre pays à la haine et à la guerre civile, pour inaugurer parmi nous le règne du vrai progrès et de la vraie liberté ?

Ici, pas de vaines théories : des faits. Pas de lutte d'idées, de passions ou de paroles : de la conciliation, du secours mutuel, de l'activité féconde, des résultats immédiats et positifs, du profit et de l'espérance pour tout le monde.

En deux mots :

Une belle œuvre morale, une spéculation sûre et grande!

H. DAMETH.

Rue des Saints-Pères, 1.

Paris, ce 1er Novembre 1849.

LÉGENDE DU PLAN DE LA CITÉ.

A Bazar.

a (Premier étage). Restaurants, Café, Taverne, Salons de lecture, — Bibliothèque.

B Salle de Réunions, de Cours publics, de Concerts, de Bals, d'Exposition, etc.

C Jardin de la Cité.

D Jardins particuliers.

E Galerie couverte.

F Entrées de la Cité.

G Hôtel garni.

H Maisons d'habitation.

I Salle d'asile, — Préaux et Jardins qui s'y rattachent.

J Crêche, — Préaux et Jardins qui s'y rattachent.

L Boulangerie.

M Blanchisserie.

O Cours pavées.

P Entrepôt général.

Q Gros ateliers.

R Bains publics.

S Vacherie.

S S Écurie à chevaux.

T T T Cours ou enclos.

U Magasins de l'atelier communal.

V Machines à vapeur.

X Atelier communal dit de *Chômage*.

Z Écoles primaires et professionnelles des garçons.

Z Z Écoles primaire et professionnelles des filles.

Y Jardins de l'institut des garçons,

Y Y Jardins de l'institut des filles.

PROJET D'ACTE DE SOCIÉTÉ.

TITRE Ier.

Formation, — Objet, — Siége, — Durée, — Constitution de la Société.

—

Article 1er. Une *société de commerce en commandite et par actions* est formée entre N... et tous ceux et celles qui adhéreront aux présents statuts.

Art. 2. L'objet de la société est la *création d'une ou de plusieurs cités*, dites **Cités de l'Union**, dans Paris ou ses faubourgs, et successivement par tout où besoin sera, pouvant contenir environ 600 familles de toutes positions, et suivant les convenances et ressources de chacune, dans des conditions générales de salubrité, d'économie et de bien-être aussi parfaites que possible.

Art. 3. Les membres de la société ou actionnaires contribuent, jusqu'à concurrence de leur souscription à la création des Cités et reçoivent, en échange de cette souscription, un titre de propriété actionnaire sur ces Cités, proportionnel à leur apport.

Les souscriptions d'*actions* peuvent être faites :

1° En numéraire ,

2° En titres de propriétés immobilières ou mobilières ,

3° En valeurs financières ayant cours ,

4° En matériaux de construction ,

5° En produits agricoles ou industriels, soit applicables aux travaux de la cité, soit de consommation ,

6° En engagements de travail ou de services.

Art. 4. Les souscriptions seront faites au siége de la société, sur un registre timbré, et sous forme d'*obligations* de *faire* ou de *livrer* aux ordres de la société, et conformément aux clauses du présent acte.

Art. 5. Les titres d'action ne seront délivrés aux souscripteurs, qu'au fur et à mesure de la réalisation faite par la société des valeurs de la souscription, soit par application directe de ces valeurs aux travaux de la cité, soit par leur échange.

Art. 6. Une commission de commandite, composée de cinq membres, sera instituée par la première assemblée générale des actionnaires pour opérer cette réalisation, soit par le mode d'ajudication des travaux, soit en évaluant elle-même les produits ou en débattant leur prix à l'amiable, et, au besoin, en les faisant expertiser par arbitres.

Cette évaluation aura pour base générale les prix du cours et les besoins de la société: elle se fera par francs et centimes.

Art. 7. Une prime pourra être accordée à certaines valeurs que la société aura plus d'intérêt à attirer dans le fonds social. Cette prime, variable et réductible, sera fixée administrativement chaque trimestre par le gérant, sur l'avis du conseil d'administration.

Les frais de transport des produits acceptés à titre de souscription, seront supportés par le souscripteur.

Art. 8. La société a son siége à Paris, rue
n°   .

Art. 9. La société est fondée pour trente ans, à partir du jour de sa formation. Elle pourra être prorogée.

Art. 10. La société ne sera constituée définitivement, et par acte spécial, que lorsqu'un vingtième du fonds social aura été souscrit.

TITRE II.

Fonds social.

—

Art. 11. Le fonds social est de DIX MILLIONS de francs, divisé en *actions* de **Cent** francs et en coupons de **Vingt** francs.

Art. 12. La moitié seulement des *actions* dudit fonds social sera émise pour la construction de la première cité.

De nouvelles émissions d'*actions* seront faites par le gérant, avec l'approbation de l'assemblée générale des actionnaires, à la majorité absolue des membres présents, pour la fondation successive de cités.

Toutefois, aucune émission autre que celle des cinq millions nécessaires à la fondation de la première cité n'aura lieu avant l'achèvement de cette cité.

Art. 13. Les *actions* seront payables à partir du jour de la constitution de la société, savoir :

1° Les *actions* en numéraire, par dixième de mois en mois.

2° Les *actions* en titres, soit financiers, soit immobiliers, par moitié de trois mois en trois mois.

3° Les *actions* en produits bruts ou industriels; en instruments de travail et en valeurs de consommation; *en promesses de travail et services de tous genres* : main-d'œuvre, architecture, direction, administration, publicité, arts, etc., seront payables à l'ordre immédiat de la société, et selon les besoins de l'entreprise.

Toutefois un délai pourra être accordé *aux souscripteurs pour fournir les objets de leur souscription en matériaux et produits*. Le délai ne pourra dépasser quinze jours.

Il est bien entendu d'autre part, que la Société, représentée par son gérant, reste maîtresse de l'appel des souscriptions, *et ne saurait être contrainte à accepter la matière desdites souscriptions quand elle ne le juge pas utile*.

Art. 14. Les *actions* sont nominatives et transférables suivant les formes voulues. La cession, comme la souscription primitive, *implique connaissance des statuts de la société et adhésion à ces statuts*.

TITRE III.

Administration.

—

LE GÉRANT.

Art. 15. La société est administrée par un gérant *responsable ayant seul la signature sociale*, et assisté d'un conseil d'administration dont les fonctions sont cosultatives.

La durée des fonctions du gérant est illimitée. Son traitement est fixé à

....

Toutefois, le gérant pourra toujours être destitué par l'assemblée générale des actionnaires, à la majorité des deux tiers, sur la demande simultanée de la majorité du conseil d'administration et du comité de surveillance.

Le gérant nomme aux emplois de la société; il délègue, sous sa responsabilité, une portion de son pouvoir, soit pour le remplacer quand il est absent, soit pour l'aider dans la conduite de l'entreprise.

CONSEIL D'ADMINISTRATION.

Art. 16. Le conseil d'administration sera composé par voie d'élection, et pour la première fois, par les cinquante premiers souscripteurs de la société.

Ce premier conseil portera le titre de **Conseil des Fondateurs**. Il subsistera jusqu'à la constitution légale de la Société. En se retirant, il choisira dans son sein, par élection secrète, les membres du conseil d'administration.

Le conseil d'administration sera formé de douze membres titulaires. Il s'adjoindra des membres honoraires, six au plus, qui posséderont seulement voix consultatives dans ses délibérations.

Chaque délibération du conseil d'administration sera rédigée en procés-verbal, et conservée dans les archives de la société.

Tous les chefs de service de la société siégent de droit, et en sus des membres titulaires ou honoraires, dans le conseil d'administration.

Tous les six mois, le conseil d'administration se renouvellera par quart, et par voie d'élection intérieure. Les membres honoraires ayant siégé au moins trois mois, et les anciens membres titulaires sortants pourront seuls êtres portés sur les nouvelles listes. Les anciens membres titulaires non réélus cesseront de faire partie du conseil.

Le conseil d'administration étudie toutes les questions intéressant la bonne direction et le développement de la société. Il assiste le gérant de ses conseils ; et en cas de décés ou d'autre cause de force majeure, il lui donne un remplaçant provisoire.

Le conseil d'administration s'assemble d'office une fois chaque semaine, et extraordinairement, toutes les fois que le réclame le gérant.

Les membres du conseil d'administration reçoivent des jetons de présence dont la valeur est fixée par le gérant.

LA COMMISSION DE COMMANDITE.

Art. 17. La commission de commandite est un jury chargé de recevoir livraison des valeurs souscrites à titre d'*actions*, d'examiner la solidité des titres, d'évaluer les produits et les travaux, d'en débattre les prix avec les souscripteurs, et, en fin de compte, de certifier l'accomplissement des *obligations* contractées par lesdits souscripteurs.

Chacun des membres de la commission de commandite devra être actionnaire ou fournir un cautionnement dont le chiffre sera déterminé par le gérant.

La commission de commandite se composera de cinq membres nommés

par l'assemblée des actionnaires. Leurs fonctions seront rétribuées. Le gérant fixe le chiffre de cette rétribution.

La commission de commandite est responsable en face du gérant.

En cas de contestations graves entre la commission de commandite et
un souscripteur, un tribunal arbitral sera formé de trois experts nommés :
un par le souscripteur, *un* par la commission de commandite et *un* par le
gérant. Ce tribunal prononcera sans appel.

Art. 18. Le gérant pourra traiter avec des adjudicataires pour l'exécution
des travaux, et la commission de commandite jouera, dans ce cas, le même
rôle pour la vérification et l'évaluation des travaux entre la société et les
adjudicataires que pour la réalisation des souscriptions.

Les fontions de membres de la commission de commandite sont incom-
patibles avec toute autre dans la société.

Art. 19. Aucun titre d'*action* ne sera délivré que sur le récépissé de la
commission de commandite approuvé par le gérant.

TITRE IV.

Intérêts et Dividendes.

—

Art. 20. A partir du jour de la constitution de la société, un intérêt de
4 p. % sera servi aux souscripteurs d'actions de tout ordre.

Toutefois cet intérêt ne sera payé que sous forme d'accroissement des titres d'*actions* jusqu'à l'achèvement de la cité et à sa mise en valeur.

A cette époque, outre l'intérêt de 4 p. %, les souscripteurs auront droit
aux bénéfices résultant des revenus de la cité.

Ces revenus, tous frais généraux prélevés et l'intérêt de 4 p. % servi,
seront partagés en deux moitiés, dont l'une pour être répartie en dividendes
entre les actionnaires, et l'autre pour former un fonds de réserve et pour
être appliquée à des objets d'utilité publique, de secours, d'améliorations
et de fêtes en faveur des habitants de la cité.

Comité de Surveillance. — Assemblées générales. — Dissolution et Liquidation.

Comme dans les grandes sociétés commerciales.

—